BIBLIOTHÈQUE
DE LA MAITRESSE DE MAISON

LE LIVRE DU JARDINAGE

PARIS
CH. PLOCHE, LIBRAIRE-ÉDITEUR
5, place de la Bourse, 5.

LE LIVRE

DU JARDINAGE

Paris. — Imprimerie Bonaventure et Ducessois,
55, quai des Augustins.

LE LIVRE

DU JARDINAGE

PAR

M. CH. DESLYS.

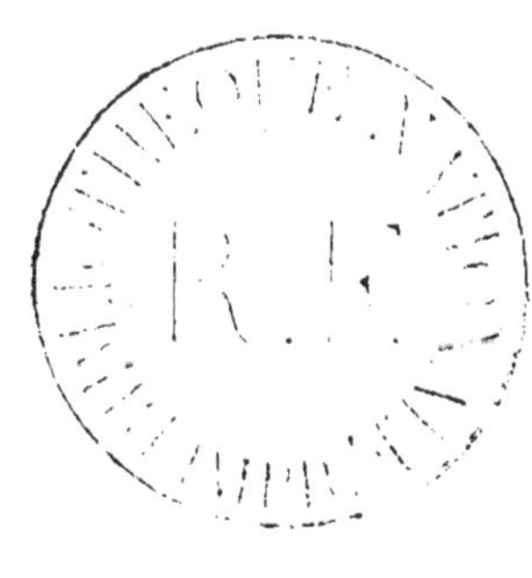

PARIS

CH. PLOCHE, LIBRAIRE-ÉDITEUR,

3, place de la Bourse.

1852

LE LIVRE
DU JARDINAGE

I.

NOTIONS PRÉLIMINAIRES.

Le jardinage n'est point un métier, c'est un art.

Avant donc d'y initier nos lecteurs, il nous semble essentiel de donner tout d'abord une espèce de grammaire botanique.

Les plantes, quelles qu'elles soient, sont des créatures immobiles, mais tout aussi parfaitement organisées que les animaux, et qui comme eux ont des intestins, des artères, des nerfs, des muscles, du sang, une sorte de cerveau, des habitudes, des besoins, des mouvements réguliers, des fantaisies, des répulsions, des sympathies.

Chez tous les végétaux, cinq choses nous frappent dès le premier coup-d'œil, savoir : le fruit, la fleur, les feuilles, la tige et les racines.

Les racines sont en quelque sorte les intestins des plantes. Par chacune de leurs plus minces fibrilles, elles pompent les sucs de sels et d'humidité de la terre ; elles les font monter au-dessus de son niveau ; elles en alimentent la tige ou le tronc ; elles les transforment en bourgeons et en feuilles vertes, en fleurs et en fruits ;

en un mot, elles servent au développement et à l'alimentation de la plante.

La tige en est le corps. Elle renferme tous les vaisseaux conducteurs; elle reçoit des racines pour donner à son tour aux feuilles et aux fleurs ; elle représente l'estomac allongé de la vie végétative, soit qu'elle s'appelle *tronc* ainsi que dans les arbres, ou *chaume* ainsi que dans les céréales, soit qu'elle se nomme *hampe* ainsi que dans la tulipe et les plantes bulbeuses de même nature, ou bien qu'elle garde le simple nom de *tige* ainsi que dans la plupart des fleurs de jardins.

On comprend donc avec quel soin il faut ménager l'extrémité des racines, et la moindre partie de la tige. Détourner celle-ci, blesser celle-là, pour la plante tout entière c'est la maladie, c'est la mort.

Plus nombreuses, les feuilles peuvent être en partie émondées, mais elles n'en exigent pas pour cela moins de ménagements, car c'est par elles que les plantes respirent et transpirent à la fois. Regardez attentivement leur surface supérieure, et vous y distinguerez une multitude de petites ouvertures au premier abord imperceptibles ; c'est par là que pénètre l'air non moins utile à leur existence qu'à la nôtre. Maintenant retournez-les, et vous ne tarderez pas à voir des espèces de pores par lesquels suintent les excrétions. Vous comprendrez alors que sans les feuilles, il n'y aurait plus de sueurs possibles, que sans les feuilles il y aurait bientôt asphyxie.

En examinant la nature, on s'aperçoit que la Providence s'est plu à parer toutes ses créations ou des plus riantes illusions ou des plus radieuses couleurs. La fleur est tout un poëme adorable et charmant. Examinons celle-ci : elle se balançait sur une tige verte, c'est la *hampe*. Immédiatement au-dessus de cette hampe, dans la rose et dans beaucoup d'autres fleurs semblables, s'épanouissent cinq petites *folioles* vertes, dont la réunion forme le *calice*. Dans le calice, ou quelquefois à l'extrémité même de la hampe, se développe sous diverses formes une sorte de cassolette qui renferme le rudiment du fruit, et qui se nomme l'*ovaire*. Autour de cet ovaire sont disposés les *pétales* plus ou moins brillants de la fleur ; au milieu d'eux se dressent fièrement les *étamines* qui sont les *messieurs*, les *pistils* qui sont les *demoiselles*. Darde le soleil, et le *pollen* s'échange, et, graine ou noyau, l'ovaire en se remplissant, forme le fruit.

Le fruit, c'est la maternité des plantes. Comme la fleur, il affecte des formes infinies ; comme la fleur, s'il était entièrement coupé sur une plante quelconque, il n'y aurait plus pour cette plante-là qu'une existence stérile.

Dans le cas contraire, soit que la nature elle-même se serve de vent pour semeur, soit que la main de l'homme plante à son gré le noyau, l'ognon ou la graine, la chaleur et l'humidité vont s'entendre bientôt pour en former une plante. Ce sera d'abord en dessous la *radicule* qui s'enfoncera toujours verticalement en terre, puis la *plumule*, tige future, qui s'élèvera vers le ciel, et cela d'une façon si admirablement prévue par le créateur, que si la graine ou le noyau se trouvaient plantés en sens inverse, ils se retourneraient d'eux-mêmes, afin de rendre à leur position naturelle la plumule et la radicule.

La plumule en s'élevant, déchire entièrement son enveloppe, et pousse premièrement au dehors des *cotylédons*, sorte d'avant-garde horizontale et charnue qui va protéger la jeune plante, et disparaîtra bientôt après avoir servi de base à la classification botanique.

Viendront ensuite les feuilles primordiales, qui ne ressemblent en rien à leurs cadettes, et qui, pourvues de qualités particulières, seront en quelque sorte les nourrices de la plante.

On conçoit facilement tous les égards qui sont dus à ces jeunes et tendres organes. Mille sortes d'insectes les recherchent avidement comme leur plus friand régal. Trop humide, l'atmosphère les étiole ou les pourrit à l'instant, un peu trop de chaleur les dessèche, la moindre gelée les tue.

Ce premier péril évité, que de dangers encore à l'horizon, que de soins de toutes les heures! Nous avons démontré combien l'air était indispensable à la vie végétale; il en est de même de la lumière, qui, tout en colorant les fleurs et les fruits, augmente encore leur coloris et leur saveur; de l'eau, qui distribuée à doses convenables devient une nourriture première, mais qui versée sans discernement pourrit ou submerge la plante; de la chaleur enfin, de la chaleur, ce principal agent de croissance et de fertilité.

De plus, chaque plante a ses ennemis, même avant d'être née, ennemis acharnés et subtils, ennemis cachés dans le sein de la terre ou rampant sur ses rameaux, ennemis creusant sa tige, ennemis se blottissant sous ses feuilles, ennemis bourdonnant autour de ses fleurs, ennemis nichés dans ses fruits; ennemis du jour, ennemis de la nuit, ennemis partout, ennemis toujours.

Donc savoir préserver les plantes de toute atteinte pernicieuse; savoir les semer à l'heure et dans le lieu qu'il convient; savoir aider à leur germination et à leur naissance; savoir protéger et guider leurs premiers pas dans l'air; à toutes sonder les époques de leur longévité, savoir leur donner la quantité de chaleur, de lumière, d'air et d'eau qui est propre à chacune d'elles; savoir récolter en temps voulu la graine et le fruit; savoir enfin toute une science : voilà l'art du jardinier, voilà la grammaire que nous allons essayer une fois de plus pour la *Bibliothèque des familles*.

II.

DU TERRAIN.

La première condition d'un bon jardinage, c'est indubitablement le terrain.

Il le faut abriter des vents du nord, et l'incliner légèrement vers le midi.

Des terrasses devraient le couper en cas de pente trop rapide.

Un jardin doit jouir des trois expositions solaires, c'est-à-dire du soleil levant qui dure jusqu'à midi, du soleil de midi depuis neuf heures du matin jusqu'à cinq heures environ, du soleil couchant depuis onze heures à-peu-près jusqu'au coucher du soleil.

Les arbres et les plantes y seront strictement cultivés dans la région particulière à chacun d'eux.

Le jardin fruitier demande l'exposition exceptionnelle qui se trouve tout le jour en plein soleil.

Tâchez que l'eau courante puisse le traverser dans toute son étendue : non-seulement l'œil y trouvera son avantage, mais encore les arrosements.

Qu'il soit un tiers plus long que large, et que les allées y soient dans une juste proportion du terrain.

Que les murailles aient au moins sept à huit pieds pour les espaliers, onze à douze aux endroits où vous désirerez cultiver la vigne.

Qu'il s'y trouve des encoignures exposées au midi, sans quoi vous n'auriez ni figues, ni melons, ni autres productions qui, dans nos climats, exigent impérieusement le soleilou la couche.

Que la terre en soit franche, forte, facile au labourage, légère à la végétation. Possédant même ces qualités dans votre terrain, retournez-le sans cesse et le fumez. Plus les amendements et les labours sont fréquents, plus le rendement sera considérable.

Évitez soigneusement les terres sablonneuses et brûlantes, grasses et glaisées. Ce serait des frais inutiles que de les vouloir mettre en jardins.

Ou bien défoncez-les soigneusement, et pour compléter la métamorphose, recouvrez-en la surface de quelques pouces de terres composées.

Par défoncement, nous entendons retourner un terrain de façon à ce que le dessous se retrouve dessus et réciproquement.

Ce travail, qui doit invariablement s'exécuter en automne, se pratique de la manière suivante :

A l'une des extrémités du terrain, on commence par creuser une jauge ou fossé de deux pieds et demi de profondeur, large d'autant.

La terre extraite se transporte en brouette à l'autre extrémité, la fosse se remplit avec les deux pouces et demi qui la suivent, et ainsi de suite jusqu'à la dernière, que vous remplissez enfin avec les résidus de la première.

En ayant soin de convenablement fumer à mesure chaque jauge, on arrive à former une terre entièrement neuve que les neiges et les pluies de l'hiver rendront certainement fertile, et qui, vers le printemps, deviendra de la terre presque entièrement composée.

Par terre composée l'on entend une terre mélangée par tiers : 1° de terre franche ; 2° de terreau de couche ; 3° de terreau de feuilles. C'est là le *nec plus ultrà* du jardinage, surtout si ce mélange est préparé durant trois ans, retourné une fois au moins par semaine, mis convenablement à l'abri de l'eau et du soleil, et tamisé primitivement à la claie.

Néanmoins, il sera bon de garder séparément un tas de chacune de ces terres, pour les employer au temps et lieu que nous indiquerons plus tard, ainsi que de la terre de bruyère, nécessaire pour les plantes désireuses de fraîcheur et de légèreté.

Mais revenons aux labours.

Le jardin une fois défoncé, retourné, remué, ainsi que nous l'avons dit, à la mi-automne, soit à la fourche, à la houe ou simplement à la bêche, en ayant grand soin toutefois de n'oublier jamais d'enterrer les mauvaises herbes, on devra l'unir minutieusement au râteau, en conservant les pentes utiles à l'écoulement des eaux. Puis on distribuera les carrés du potager, en ne donnant aux planches que trois ou quatre pieds de largeur, afin de pouvoir sarcler, arroser, cueillir tout à son aise. Les plates-bandes contre les murailles devront être d'un tiers plus larges, et contre les espaliers d'une largeur d'un tiers en sus.

Quant aux jardins à fleurs, quant au jardin anglais, quant aux pièces de gazon, la fantaisie seule en règle la distribution. Faites en sorte cependant qu'elle agrandisse en le variant l'aspect du jardin, qu'elle en cache les murailles et le potager, qu'elle favorise à la fois la promenade et le regard. Mais surtout ne regrettez pas la largeur des allées, vous y gagnerez toujours et comme facilité de culture et comme agrément.

Quant aux bordures, en ne négligeant ni le petit chêne, ni la mignardise, ni la violette et autres fleurs agréables à la vue et à l'odorat, ne dédaignez pas les plantes ménagères, telles que la pimprenelle, le thym, la lavande, la marjolaine, etc., etc. Derrière ces premières bordures, vous pourrez toujours en placer de secondes, telles que les pieds-d'alouette, les marguerites, etc. etc., qui joindront l'utile à l'agréable et qui déguiseront l'utile en le fleurissant au printemps.

Tels sont les premiers travaux du jardinage ; ils ne doivent s'exécuter ni par la trop grande humidité, ni par la trop grande sécheresse, ni lors de la germination des grains ou de la floraison des arbres. Un simple binage suffit autour de ces derniers, et très-légèrement encore, de crainte de détruire les petites fibrilles des racines qui servent à les mettre en communication directe avec l'air et le soleil.

III

DES ENGRAIS.

La terre une fois parfaitement unie et meuble, laissez-la se reposer ainsi jusqu'à l'hiver; mais sitôt les premières gelées, faites brouetter le fumier, et qu'on le dispose d'abord en petits tas sur les carrés et plates-bandes. Etalez-le bientôt à leur surface, puis qu'on l'enterre, mais à deux ou trois pouces seulement, afin que ni les graines ni les racines n'en perdent rien.

Plus tard, vers le temps des chaleurs, vous couvrirez une seconde fois les plates-bandes et carrés d'un menu fumier qu'on appelle paillis, et qui, tout en engraissant la surface, y maintiendra perpétuellement la précieuse fraîcheur de la pluie ou des arrosements.

Il est deux sortes de fumier. Les premiers, légers et chauds pour les terres froides et lourdes : ce sont les fumiers de moutons, d'ânes, de pigeons, et de chevaux. Les autres, qui sont ceux de bœufs ou de vaches, les ramassis des rues et la gadoue, fumiers rafraîchissants et gras pour les terrains légers et maigres. On se sert encore d'autres engrais, tels que les terreaux de feuilles ou de couche, les cendres, le salpêtre, le sel, le marc de cidre ou de bierre, les eaux fétides, etc. etc., voire même les quelques compositions modernes dont l'éloge s'étale pompeusement à la quatrième page des journaux. Tout est bon pour nourrir et pour réchauffer le sol qui s'altère et s'appauvrit à force de produire, tout peut être essayé tour à tour dans le jardin ; mais le jardinier doit savoir l'engrais qui convient particulièrement à chacune des natures de son terrain, et ne jamais employer à l'une d'elles ce que la science lui dit de conserver pour la voisine. Mal fumer fait, en somme, plus de mal que de bien.

Il en serait de même de trop fumer, quoique cependant il faille plutôt pécher par le trop que par le pas assez.

Convenance et quantité, voilà donc la règle des amendements ; c'est seulement en observant ces deux lois jardinières que vous obtiendrez des légumes, des fruits et des fleurs tels que nous vous en souhaitons.

IV

PLANTATION DES ARBRES FRUITIERS.

Après le labourage, l'amendement et la distribution d'un jardin, le premier travail à faire c'est la plantation des arbres à fruits.

Je ne suppose pas que vous soyez dans l'intention d'élever vous-même des pépinières, aussi me bornerai-je à quelques lignes sur ce chapitre.

Bonne terre, labour profond, chaude exposition, grand air, voilà ce qu'il faut aux sauvageons. Mais avec quelque économie que vous procédiez, mieux vaut encore les acheter à quelque pépiniériste, qui, travaillant sur une grande échelle, pourra vous donner de meilleurs élèves et à plus bas prix qu'ils ne vous reviendraient à vous-même.

Si donc vous vous décidez à ce dernier parti, choisissez néanmoins avec discernement dans la pépinière. Prenez des sauvageons de quatre ou cinq ans, charnus et droits, d'une verte sève et d'une bien venante allure. Faites-les planter au printemps, puis à l'automne greffez-les. Ce sera pour vous une des plus agréab'es et des plus importantes occupations du jardinage.

Greffer c'est trancher le cou d'un arbre, afin de le doter d'une meilleure tête. Il serait, hélas! à souhaiter que cette véritable science soit dans certains cas applicable à l'humanité.

Ces meilleurs têtes futures, ces jeunes greffes doivent se toujours choisir sur des arbres excellents, et s'y cueillir dans le mois de février, pour être piquées dans de la terre fraîche, ou mieux encore dans de l'argile, jusqu'au moment où l'on s'en servira.

Nous l'avons déjà dit, c'est au printemps, mais dans les premiers jours, c'est-à-dire à la mi-mars.

Il est plusieurs manières de procéder, il y a diverses sortes de greffes, savoir :

1° La greffe en fente;
2° La greffe en couronne;
3° La greffe à œil poussant et à œil dormant ;
4° La greffe par approche;
5° La greffe en flûte;
6° La greffe à emporte-pièce.

La greffe *en fente* doit se pratiquer par un temps sec, sur des sauvageons de trois pouces au plus de circonférence, avec une serpette posée en croix sur le tronc, un maillet qui l'enfonce directement, un coin de bois qui tient la fente ouverte. Alors dans cette fente de trois pouces au plus de longueur, on insinue la greffe de façon à ne laisser aucun vide autour d'elle, puis on la serre avec une liane quelconque, puis on l'emmaillotte avec de la terre argileuse et des chiffons humides. Il est bien entendu qu'avec la scie on a commencé par abattre la tête du sauvageon, qui se trouve, l'opération faite, avoir en guise de cime une sorte de turban ou de poupée, d'où ne sort que la greffe.

Pour la greffe *en couronne* on débute de même, seulement on opère sur des sujets plus gros, et au lieu d'une seule entaille, on en dispose jusqu'à cinq ou six tout à l'entour, c'est-à-dire une sorte de couronne de greffes.

L'*écusson* est une sorte de triangle qu'on creuse

dans le tronc de l'arbre à greffer, et qu'on remplit soit par un œil poussant en avril, soit par un œil dormant à la mi-septembre, mais dans l'un ou l'autre cas plus souvent sur des arbustes d'agrément que sur des arbres à fruits.

La greffe *en flûte*, qui ne s'emploie guère que pour les noyers, les châtaigniers et les figuiers, se fait en tranchant la tête d'un sauvageon ou d'une jeune branche, en en coupant l'écorce en bandelettes verticales qu'on laisse d'abord retomber, en mettant à leur place des tuyaux d'écorce de même longueur pourvus d'excellents yeux; puis relevant les bandelettes primitives de façon à ne pas gêner lesdits yeux, on ligature le tout avec du fil ou de la laine, et ce, dans le grand moment de la sève.

Enfin la greffe *par approche* consiste tout simplement à réunir les deux branches de deux arbres voisins, après les avoir décortiquées à l'endroit de la réunion, et à les lier ensuite ensemble de façon à leur éviter autant que possible, par de vigoureux tuteurs, les mouvements trop répétés.

Du reste, nous le répétons, la greffe est une véritable science, et mieux vaut encore, à moins d'être greffeur savant, acheter des arbres greffés d'avance.

La plantation exige déjà bien assez de soins. Elle doit toujours se faire par un temps sec, jamais par un temps pluvieux, en novembre dans les bonnes terres, en mars seulement dans les terrains durs, humides et froids. Il faut enlever les arbres et les transporter sans endommager les racines, couper et rafraîchir celles qui se seraient néanmoins rompues dans le trajet, ne laisser à aucune plus de six ou sept pouces de longueur, leur avoir préparé à l'avance de grands trous de trois pieds carrés au moins, les y déposer de façon à ce qu'il ne reste aucun vide, les couvrir d'abord de terre légère, et les soulever ensuite doucement et à plusieurs reprises afin qu'elle pénètre partout, la fouler peu à peu avec le pied, tourner toujours la greffe du côté du nord, laisser environ quatorze à seize pieds entre chacun d'eux et quatre à sept pouces entre les murailles pour les espaliers, ne jamais enterrer la greffe et toujours ménager autour du pied une sorte de cuvette destinée à recevoir les eaux de l'arrosoir ou de la pluie.

S'agit-il d'un gros arbre qu'on voudrait transplanter, prenez garde davantage encore d'offenser les racines. Si vous y songez au commencement de l'hiver, creusez tout à l'entour une sorte de fossé, mais à distance d'un pied et demi du tronc, déchaussez-le prudemment du dessous et à une forte profondeur, isolez bien la motte, arrosez-la pour la rendre plus compacte et plus ferme; arrosez-la surtout lorsque vous sentez venir la gelée qui consolidera cette motte, et transportez-la de façon à ce que le déplacement la laisse telle qu'elle est. Si vous désirez opérer plus tôt, mettez les racines à découvert avec les plus grands égards, de même élevez l'arbre en proportion duquel vous aurez déjà fait creuser un trou, déposez-la doucement dans ce trou, recouvrez les racines de quatre ou cinq pieds de terre légère, arrosez fortement quatre ou cinq pieds de terre encore, foulez alors et arrosez derechef, laissez une vaste cuvette et arrosez toujours. L'arbre ainsi planté ne vous donnera pas de fruits la première année, mais il reprendra vigueur, et vous récompensera de toutes vos peines au second automne.

Pour tous les arbres nouvellement plantés, jeunes ou vieux du reste, n'épargnez pas l'arrosoir. Dans les grandes sécheresses surtout, semez à l'entour quelques pouces de fumier, afin de préserver les racines des ardeurs du soleil et de les entretenir en même temps dans une constante humidité. Ne vous montrez pas avare du terrain, laissez-en le plus possible entre chaque cuvette. C'est le moyen de faire plus librement circuler l'air, et, croyez-moi, la qualité vous dédommagera toujours de la quantité.

Pour préserver l'écorce des jeunes arbres de l'altération et de la mousse, entourez-les de la tête au pied d'une double tresse de paille tordue. Mettez également de la paille entre le tronc et le fort tuteur que vous leur donnerez pour les garantir des dangereuses rafales des grands vents.

Retranchez sans pitié toutes les branches mal venues, toutes celles qui pourraient défigurer la tête ou faire confusion dans l'intérieur. Ménagez bien, c'est là le grand principe, ménagez bien les interstices qui doivent constamment laisser passer partout ces deux principaux agents du verger, savoir : l'air et le soleil.

Du reste, cette dernière observation nous conduit tout droit à la taille des arbres, et nous allons la traiter spécialement dans le chapitre suivant.

V

DE LA TAILLE DES ARBRES.

Posons d'abord que les poiriers, les pommiers, les pruniers et généralement tous les arbres à haut vent ne se taillent point, ou du moins ne se taillent que par le retranchement des folles branches et des branches mortes.

Pour tous les autres arbres, la paille est de première importance. C'est elle qui les conserve plus longtemps, elle qui leur donne la forme et la fructification, elle qui double leur agrément et leur profit.

Pour tailler les arbres, il faut d'abord étudier les diverses sortes de branches, et les savoir distinguer les unes des autres. Il faut encore bien connaître les *yeux*, petits tubercules arrondis ou pointus qui sortent des jeunes branches à l'automne et renferment les feuilles et les fruits de l'année suivante. Mais nous en parlerons en parlant des branches.

On compte cinq espèces de branches, savoir :

Les branches à bois, branches fortes, branches courtes, branches qui sont pour ainsi dire des troncs supérieurs, branches à gros yeux rapprochés les uns des autres. On doit les tailler, très-soigneusement, en leur laissant trois ou quatre pouces de longueur si elles sont un peu faibles, jusqu'à six et huit si elles sont vigoureuses et de grandes promesses, voire même jusqu'à dix ou douze dans les espaliers dont elles forment l'éventail.

Viennent ensuite les branches à fruits et les branches d'espérance, secondes branches qui sortent des branches à bois, qui leur ressemblent en diminutif, mais qui portent des yeux plus gros encore, plus rapprochés et plus arrondis. Il faut les laisser croître en toute liberté lorsqu'elles sont branches à fruits déjà et dans une bonne situation, les rafraîchir seulement lorsque, plus petites et plus jeunes encore, elles ne sont que branches d'espérance.

Les branches gourmandes sont ces longs jets unis, droits, luisants, à yeux éloignés et plats, à croissance verte et rapide. Elles épuisent les arbres, elles ne rapportent qu'à des temps fort reculés : taillez donc, taillez court et net, à moins qu'elles ne soient poussées sur une face où manquent totalement les branches à bois. En ce cas, rafraîchissez ferme, et attendez.

Viennent ensuite les branches à faux bois qui croissent au-dessous des branches à vrai bois, dont elles ne diffèrent qu'en ce qu'elles ont des yeux plats, et les branches difformes, qui, longues, menues, luisantes, innombrables, ne sauraient devenir que des branches parasites : il faut donc les supprimer sans miséricorde ainsi que les branches à faux bois.

La taille des arbres doit s'exécuter en novembre, aussitôt les feuilles tombées. Attendre mars est une faute grave. La taille alors n'a plus que la moitié de son efficacité, et l'on doit comprendre maintenant qu'il la faut tout entière.

Quelquefois même, lorsqu'un arbre a la sève trop

vigoureuse, pousse entièrement en bois et en feuilles, il faut en tailler les racines, c'est-à-dire les déchausser entièrement ou en retrancher quelques-unes des plus grosses, mais avec une prudence extrême.

Du reste l'expérience d'un jardin, l'étude approfondie des arbres qu'il renferme, la comparaison sagement déduite des résultats obtenus par la taille pendant plusieurs années sur les mêmes arbres, peuvent seules perfectionner cette science, qui constitue en réalité le génie du jardinier.

VI

DES COUCHES, DES CLOCHES ET DES CHASSIS.

Pour avoir un jardin vraiment digne de ce nom, il faut absolument qu'il s'y trouve des couches, des châssis et des cloches, afin de hâter, de chauffer, de protéger les semis, les marcottes, les boutures et les jeunes plants.

La couche est un amas de fumier qui se dispose avec art de la manière suivante :

Faites creuser un long fossé de deux à trois pieds environ. Remplissez-le de fumier de cheval ou d'âne nouvellement sorti de l'écurie, c'est-à-dire conservant encore sa plus grande chaleur. Mouillez ces premières couches toujours étagées légèrement en pente, à l'exposition du midi. Foulez-les avec les pieds, peignez-les avec la fourche, battez-les partout, mais principalement sur les bords. Ensuite étalez un fort tas de vieux terreau, mélangé avec un tiers de terre franche très-légère. Mouillez encore, égalisez et tassez avec des planches sur lesquelles vous marcherez, cette seconde couche noire.

Enfin attendez une semaine au moins pour que se dissipe la première et trop puissante chaleur.

Pour avoir des châssis, entourez vos couches d'une sorte de longue boîte en planches, qui, enfoncée jusqu'au fond de la fosse, débordera la couche de trois pieds environ vers la partie haute et d'un pied au moins vers la partie la plus basse. Que les côtés régularisent cette pente, et supportent également le châssis, vaste vitrage qui recouvrira la couche, ou tout entière, ou par parties hermétiques et débordant toujours l'ensemble de quelques pouces. Qu'elles soient munies de tasseaux pour entr'ouvrir plus ou moins le passage à l'air, et de vastes paillassons ou grandes litières pour abriter le vitrage soit pendant les gelées, soit pendant les trop fortes chaleurs. Enfin quand la couche tend à se refroidir, réchauffez-la par de longs fumiers amoncelés à l'entour.

A défaut de châssis, servez-vous de cloches, mais qu'elles soient toujours en verre bien net, ou en vitrines de plomb. Ces dernières s'ouvrent naturellement par de petits vasistas ménagés à cet effet; les autres se soulèvent à l'aide de petits tasseaux à plusieurs crans pour donner plus ou moins d'ouverture béante à l'air.

Cloches, châssis et couches, que le tour soit tenu sans cesse avec la plus grande propreté, avec la plus constante vigilance, et vos soins et dépenses seront largement payés par la qualité et par la quantité de vos produits.

VII

DES SEMIS.

Tout arbre, arbuste ou plante se reproduit par la graine, qui est en quelque sorte un œuf végétal, un œuf couvé par la terre elle-même et par les rayons du soleil.

Mais pour avoir une bonne graine, il faut attendre qu'elle soit parfaitement mûre.

Souvent on prend des pepins ou des noyaux dans le fruit mangé sur la table, dans le fruit qu'on a trouvé le plus délicieux, et l'on plante ces noyaux ou ces pepins dans la croyance d'obtenir un superbe résultat.

Erreur.

Dans les fruits charnus (pêches, abricots, melons, cornichons, etc., etc.), la graine n'est réellement à maturité que lorsque la chair qui l'enveloppe tombe en pleine pourriture; et pour la recueillir bonne, il faut laisser entièrement pourrir sur pied le fruit qui la contient.

Il en est de même des graines des arbustes et des plantes; elles ne sont mûres que lorsque leurs cassolettes se dessèchent, éclatent et tombent d'elles-mêmes; elles n'en sont que meilleures lorsqu'on les récolte pendant que la plante existe et fleurit encore, et surtout lorsqu'après les avoir cueillies de la sorte, on les préserve du contact de l'air en les laissant dans les gousses et les capsules jusqu'au moment des semailles.

C'est donc une des sérieuses préoccupations du jardinage que la récolte des graines. Dès que commencent à se faner les premières fleurs, il faut donc en soigneusement remarquer l'ovaire, attendre qu'il soit au moment de se semer lui-même en faisant peser son enveloppe, cueillir soigneusement cette enveloppe, ou du moins, s'il est déjà trop tard, les grains qui s'en échapperont dans la main, nettoyer minutieusement les unes ou les autres, les renfermer séparément dans des boîtes ou des sacs de toile, et serrer ces sacs ou ces boîtes dans un endroit abrité du soleil, mais sec cependant et surtout aéré.

La plupart des graines bien entretenues sont bonnes durant deux ou trois années; quelques-unes comme la sarriette, le persil, l'oseille, les mâches, les ognons, peuvent aller jusqu'à cinq ou six; il en est même qui vont jusqu'à dix et douze, savoir : les raves, les radis, le pourpier, le poivre-long, le cardon, le chou, la chicorée, etc., etc.

Les semis doivent se faire autant que possible sur des couches plus ou moins chaudes, suivant la nature des plantes qu'elles sont appelées à faire croître ; il faut que la graine soit recouverte de terre ou de terreau très-léger, puis de litière à la fois pour entretenir l'humidité et pour éviter les dérangements que produiraient les arrosements. Lorsque le plant est assez fort, on le lève par un temps de pluie, on le replante en laissant une cuvette tout à l'entour, on l'abrite du grand soleil pendant les premiers jours, soit avec des paillassons, soit sous des cloches paillassonnées, et l'on a grand soin de sarcler immédiatement les herbes parasites qui pourraient gêner son parfait développement. Enfin, quant aux plantes difficiles à reprendre, on les sème dans des pots, pour les déposer ensuite avec la motte tout entière qui protége les racines. Quel que soit le semis, sitôt la levée des cotylédons, veillez bien à ce qu'ils ne soient pas dévorés par les insectes pour lesquels ils sont le plus grand régal.

VIII

BOUTURES, MARCOTTES ET ÉCLATS.

Les plantes se reproduisent encore par boutures, par marcottes et par éclats.

Les éclats s'expliquent par leur nom même, et s'emploient principalement pour les plantes qui ont une tension naturelle à pousser, même ses racines, hors du sol. On les déplante à l'automne, on sépare chaque pied en plusieurs pieds, et l'on renfonce en terre ces nouveaux pieds dont chacun reforme, dès le printemps suivant, une autre touffe mère.

La bouture se pratique en coupant sur un arbre, arbuste ou plante vivace quelconque, une ou plusieurs des branches de l'année précédente, mais de façon à ne pas endommager par un éclat la tige, c'est-à-dire en laissant un petit talon. La bouture une fois coupée, il est essentiel de bien faire attention qu'elle ait des yeux à sa partie inférieure, car c'est de ces yeux-là que sortiront en terre les racines. Pour faciliter leur développement, on fend légèrement l'extrémité de la branche à l'endroit de la section, on la taille en pied de biche, on coupe avec des ciseaux toutes les feuilles qui pourraient se trouver enfoncées avec la bouture, puis on la plante à l'ombre, dans de la terre de bruyère, sous cloche ou sur châssis pour les plantes d'orangerie, et pour toutes toujours entre la mi-avril et la mi-juillet. Parfois, et c'est le meilleur, on pratique dès le mois d'août une forte ligature à la branche qu'on coupera l'année suivante, et il s'y forme dès le printemps une sorte de bourrelet qui, mis en terre toujours à l'époque convenue, facilite de beaucoup la prompte croissance des racines. Souvent aussi on se contente de faire cette ligature à la bouture même qu'on vient de couper. Soit qu'on emploie l'un de ces deux raffinements, soit qu'on agisse tout simplement et même en pleine terre, la bouture est un excellent moyen de reproduction végétale, et la meilleure preuve en est que souvent une badine plantée par hasard se trouve faire un arbuste au printemps suivant.

La marcotte n'est pas moins avantageuse, et ne diffère de la bouture qu'en ceci, qu'au lieu de couper la branche on la couche en terre en l'y fixant avec un crochet, après quoi l'on redresse l'extrémité supérieure avec un tuteur auquel on l'attache, le tout en prenant bien garde de casser la branche, qu'on séparera plus tard du tronc lorsque la marcotte sera reprise. Parfois même, et dans ce cas elle s'appelle bouture en arceaux, parfois même, lorsque la branche est longue, on l'enterre et on la relève plusieurs fois avec des tuteurs, de façon à créer d'un seul coup plusieurs marcottes à l'aide d'une sorte de serpent végétal. Il arrive encore qu'on fait une double ligature à l'endroit enterré, ce qui donne à la marcotte le nom de *marcotte par strangulation*, ou celui de *marcotte par torsion* lorsqu'on tord la branche pour éviter de la casser — qu'on fende la partie mise en terre et que dans cette fente on place un petit morceau de bois pour en empêcher les deux parties de se réunir, *marcotte par incision* — qu'au lieu de coucher la branche, on y suspende un pot soutenu par des tuteurs à l'endroit de la ligature — enfin qu'on marcotte une plante tout entière en couchant toutes ses branches en terre et en les y maintenant avec des crochets, ce qui s'appelle une *marcotte générale*.

Dans tous les cas, et comme pour les boutures, il faut couvrir la partie couchée de terre bien ameublie, bien amendée, bien saupoudrée de paillis, constamment entretenue dans une sage humidité, et toujours abritée contre les rayons trop ardents du soleil.

IX

DE L'ORANGERIE.

Tout véritable jardin doit être pourvu d'une orangerie, construite au midi, parfaitement close de toutes parts, percée de croisées sur le devant, élevée de six pouces au moins au-dessus du sol, plafonnée et recouverte autant que possible en ardoises, chauffée par un poêle à long tuyau pour les grands froids, et toujours en sage proportion des plantes qu'elle est appelée à contenir tout l'hiver.

C'est vers le 20 octobre au plus tard qu'on les y doit

rentrer par un temps sec après avoir minutieusement essuyé et sarclé les pots et les caisses, afin de les préserver à la fois des parasites et de l'humidité.

La propreté la plus parfaite doit régner dans une orangerie, la température ne doit jamais y dépasser le second degré du thermomètre Réaumur, les arrosements doivent y être fréquents mais modérés, l'air doit s'y renouveler en ouvrant plus ou moins les croisées, savoir : un instant seulement et à midi par les grands froids, depuis dix heures jusqu'à une heure par les jours de soleil sans gelée, presque toute la journée en avril, en mai jour et nuit pour réhabituer les plantes au grand air. C'est après le 15 mai seulement que pourra s'opérer sans péril la sortie générale.

Plus tard, dans le livre de la culture des fleurs, nous indiquerons la façon la plus agréable et la meilleure pour étayer et ranger les pots et les caisses dans l'orangerie.

X

DES OUTILS DU JARDINAGE.

Dans aucun état, il n'est de bons ouvriers sans bons outils, à plus forte raison dans le jardinage.

Ayez donc toujours :

Une bêche plus longue que large, légèrement concave, mince de fer et de bois, toujours parfaitement tranchante.

Un râteau léger, mais long cependant, à dents serrées et d'une raisonnable longueur.

Une fourche en fer pour les fumiers et labours, une fourche en bois pour les gazons et pour les foins.

Une houe, sorte de petite fourche à manche court,

à dents recourbées, essentielle pour certains labourages.

Une bêche-houe, instrument pareil au précédent, mais à lame pleine.

Une ratissoire, sorte de râteau, mais également à lame pleine pour les allées du jardin.

Une binette, sorte d'outil plein d'un côté, fourchu de l'autre, et qui seul peut servir à biner les plates-bandes sans endommager les plantes.

Une pelle en bois, une autre en fer.

Une houlette, à manche de huit pouces au plus, à lame de fer de quatre à cinq pouces de long, sur trois ou quatre de large, de forme ovale, creusée plus ou moins en gouttière dans toute sa longueur pour enlever les plantes avec toute leur motte, et toujours amincie plus ou moins sur les bords, afin de pénétrer plus facilement dans la terre.

Un transplantoir, c'est-à-dire deux houlettes croisées et attachées l'une sur l'autre comme les deux lames d'une paire de ciseaux ; l'extrémité inférieure, ou les deux houlettes, formant, par leur réunion avec leurs lames concaves, un vase sans fond ; les deux branches supérieures étant emmanchées dans deux cylindres en bois comme celles des ciseaux à tondre les haies.

Un plantoir, long cône ferré à manche recourbant sous la main.

Des ciseaux à manches en bois pour les bordures, de grands ciseaux de tailleur pour arrondir et tailler les têtes d'arbustes.

Un sécateur pour tailler les arbres.

Une serpette pour les arbustes.

Un greffoir à double lame de fer et d'ivoire.

Une échelle simple pour les espaliers.

Une échelle double pour les arbres en plein vent.

Une brouette pleine et une à grilles.

Une boîte de menuisier avec clous, vrilles, attaches de fil de fer et de drap, scies, etc., etc.

Des couches, des châssis, des cloches, ainsi que nous l'avons dit plus haut.

Des caisses et des pots toujours les plus grands possible, et toujours peints à l'huile en couleur verte.

Un grand tablier bleu à double pochette par devant.

Une claie pour tamiser les terres et terreaux.

Des arrosoirs à bec de gerbe et à bec de rechange.

Une pompe et des tuyaux, s'il est possible, pour les massifs et gazons.

Enfin et surtout un parfait système irrigatif, qui vous permette d'avoir partout à la main des tonneaux remplis chaque matin d'une eau qui pourra s'attiédir doucement au soleil.

Peut-être oublions-nous quelques instruments encore, et d'ailleurs l'industrie horticole en imagine chaque jour de nouveaux. Essayez-les tous, et prenez ceux qui vous sembleront offrir quelques avantages. Nous le repétons, un bon jardinier ne saurait avoir trop de bons outils.

XI

DERNIERS SOINS POUR FONDER OU POUR REFAIRE UN BON JARDIN.

La maison doit toujours être entourée de quelques buissons d'arbustes à fleurs, tels que lilas, acacias, chèvre-feuilles, boules-de-neige, etc., etc., voire même de quelques taillis toujours verts.

Le bois, si vous avez assez de terrain, le jardin anglais si l'espace est plus restreint, ne se trouvera bien qu'à l'extrémité du jardin, surtout s'il est précédé de quelques grandes pelouses de gazon, dans lesquelles le trèfle et le sainfoin répandront leurs parfums et leurs fleurs.

Il est bon, pour l'œil autant que pour la promenade, qu'une large allée à sable de rivière fasse le tour du jardin, et que bordée de taillis à fleurs elle marque le potager.

Le potager, qui contiendra la plus grande partie des arbres fruitiers en plein vent, devra toujours avoir la même propreté que le jardin à fleurs, et sur ses murailles souvent renouvelées, voir s'épanouir de riants espaliers, que vous aurez grand soin de toujours bourgeonner et palisser sur des treillages verts.

Quant au parterre, visitez souvent les demeures royales et les jardins publics, afin de pouvoir doter votre jardin d'une véritable distribution artistique. Que les massifs et les corbeilles varient agréablement vos gazons; que les dessins des plates-bandes autour de la maison soient toujours de la véritable architecture végétale.

Surtout ayez grand soin que dans toutes les saisons ils soient toujours garnis de fleurs, et que ces fleurs y mélangent agréablement leurs divers coloris.

Pour cela, étagez bien votre terrain et donnez-lui cette couleur noirâtre qui fait si bien comme fond à toutes les couleurs. — Soignez et variez vos bordures vertes ou fleuries, — derrière ces bordures ayez des ognons et de petites fleurs, des moyennes au-dessus, au milieu des arbustes et surtout de beaux rosiers à tige avec des petits buissons de roses naines à leurs pieds. — Entre ces rosiers, auxquels vous pourrez joindre le lilas de Perse, le genêt d'Espagne, et autres arbustes, ayez des colonnettes de pois de senteur et de volubilis, ou bien de grosses plantes vivaces telles que soleils, roses trémières, lis, gueules-de-lion, belles-de-nuit, etc., etc. — Derrière la plante qui fleurit ou bien à ses côtés, ayez toujours la plante qui naît pour fleurir à la saison prochaine; — les primevères, les oreilles-d'ours, les pâquerettes, les hépatiques au printemps; — les mignardises, les œillets-de-poëte et d'Espagne, les belles-de-jour, les campanules, les scabieuses en été; — les balsamines, les marguerites, les téraspics, les belles-de-nuit, les chrysanthèmes en automne. — Enfin ayez des fleurs, toujours des fleurs.

Un jardin tenu de la sorte, c'est l'enseigne de la prospérité, du bonheur, — c'est peut-être le premier, le plus beau de tous les luxes.

XII

TRAVAUX ANNUELS.

Mais il ne faut pas se figurer que ce luxe-là puisse se conserver sans beaucoup de peine, et même en ayant un bon jardinier, sans une grande surveillance.

Qui lui donnera le courage, le goût, l'art, si ce n'est le maître et la maîtresse de la maison ?

Pour cela, il ne faut pas seulement qu'ils regardent faire, mais encore, mais surtout qu'ils sachent eux-mêmes ce qu'il faut faire.

Chaque saison, chaque mois, chaque semaine a ses travaux particuliers qui n'aboutiraient plus au même résultat s'ils étaient exécutés dans une autre semaine, dans un autre mois, dans une autre saison que celle qui convient.

Soit pour jardiner vous-même, soit pour diriger votre jardinier, nous allons donner dans ce petit livre une sorte de calendrier horticole.

Et comme à tout seigneur appartient tout honneur, nous allons commencer par le premier mois de l'année,

XIII

Pendant ce mois, tenez la serre strictement fermée, si ce n'est cinq à six minutes par jour, et dans le moment où il y aura grand feu. Veillez sans cesse à sa parfaite tenue et à son exquise propreté.

Vos soins, du reste, pourront déjà vous rapporter quelque chose pour le présent, savoir :

Du thym blanc,
Du laurier-thym.
Des semis doubles,
Des anémones,
Des jacinthes,
De la rose-de-Noël,
De l'ellébore noir.
De l'hépatique gris de lin et de l'hépatique blanche.
Voire même, en plein air, des perce-neige.

Au dehors, remuez et chariez les fumiers, les terreaux, tous les engrais enfin ramassés durant l'été, et qu'a dû faire mûrir l'automne.

Faites des couches pour y semer les plantes et légumes que vous pourrez de la sorte avoir de très-bonne heure, tels que choux et plants de fleurs , et repiquez ensuite.

C'est aussi le temps des couches et meules à champignons, qui dans les caves bien à l'abri se dressent encore pour mars et juin.

Labourez, disposez des planches, tracez et nettoyez des chemins toutes les fois que le temps le permettra.

Le céleri, les petits melons pour mai, les cardons, les concombres peuvent déjà, pour être repiqués en avril, se semer sous cloches et châssis.

Si vous êtes désireux d'obtenir des fèves en avant

d'une quinzaine au moins sur le temps ordinaire, vous pouvez en semer du 15 au 25 janvier.

C'est également le temps de semer l'oignon St-Antoine en l'entremêlant de quelques graines de laitues pommées ou romaines, qui pourront ainsi vous fournir de fort belles primeurs.

C'est le temps encore de planter les concombres et melons de décembre, mais toujours sous châssis ou cloches.

Idem, mais en plein air, pour le persil,

L'oseille,

Les choux frisés et pommés hâtifs,

Les asperges pour mars, dont vous pouvez aussi légèrement labourer les couches en les recouvrant de paille.

Le céleri long et la chicorée peuvent se repiquer également pour juin.

Ainsi que les brocolis et les choux-fleurs pour mai.

Dans le parterre, les oignons de tulipe et de jacinthe, les greffes d'anémone et de renoncule peuvent se planter aussi, si le temps vous y engage.

En revanche et à l'aide de grandes litières, couvrez les fleurs sensibles au froid, ainsi que les pois plantés en novembre et décembre.

Les cormes, les noix, les amandes peuvent pareillement se mettre en terre pour former de nouveaux plants, ainsi que tous les fruits à gros noyaux.

Échenillez, émoussez, paillassonnez les arbres.

Taillez-les encore, et labourez-les pour les fumer au pied, mais en ménageant soigneusement les racines.

Abritez bien vos graines et du froid et de l'humidité.

En un mot, quoique les journées soient bien courtes, vous ou votre jardinier ne les trouverez pas assez longues pour tous les travaux, soins et préparations de ce mois.

XIV

C'est le mois déjà des premières primevères, c'est déjà le mois des violettes.

Même recommandation quant à la terre chaude, où l'on peut semer en pots des pepins d'orangers et autres arbustes méridionaux.

Semez et plantez (ce qui est à peu près la même chose, car planter se dit des graines qui ne se jettent point à la volée mais s'enfoncent avec la main) — semez et plantez, disons-nous, en pleine terre :

Les fèves de marais,
Les pois hatifs,
L'oignon,
La pimprenelle,
La ciboule,
Les poireaux,
L'oseille,
La chicorée sauvage,
Les asperges,
Les épinards en rayons pour être mangés en été, à la volée pour passer l'hiver,
L'estragon,
La civette et généralement toutes les fournitures de salades,
Les topinambours qui ne craignent pas la gelée.

Risquez même quelques haricots.

Sur la couche, semez également :

Les raves et les radis,
Les radis noirs,
Des navets pour la mi-mai,
Des carottes,
De la petite laitue.

Du pourpier vert,

Du cresson,

Du cerfeuil,

Des choux de Milan et pommés,

Des pois Michaux en bonne exposition, pour être replantés en pleine terre en mars et rapporter à la mi-mai,

Des choux-fleurs,

De la graine de melons.

Plantez le baume, les petits oignons levés en juin et en novembre,

Les laitues semées en septembre et en octobre sur les ados.

Divisez les gousses d'ail et plantez-les en planches ou en bordures à quatre pouces de distance les unes des autres.

Repiquez les melons, concombres, choux-fleurs et laitues semés en janvier.

Semez les pois chervis par rayons.

Faites les couches à champignons.

Renouvelez et réchauffez les couches qui ont déjà servi.

Plantez force renoncules semi-doubles, pommes d'amour et gros oignons.

Semez le gazon anglais, soit en tapis, soit en verdure; et dans les pentes où ne sauraient tenir les semis, appliquez de larges plaques enlevées aux prairies.

Conduisez la plantation des arbres fruitiers, des arbrisseaux d'agrément et des arbustes à fleurs tels que jasmins, rosiers, lilas, chrèvre-feuilles, etc.

Greffez en fente les pruniers, pommiers et poiriers.

Terminez leur taille vers le commencement du mois, et vers la fin commencez celle des abricotiers, brugnons et pêchers.

Visitez avec soin toutes les branches, afin de détruire les bagues d'œufs qui se trouvent à l'entour, ainsi que les limaçons et les coques de chenilles.

Labourez si le temps le permet.

Faites des bordures de groseillers.

En fait de fleurs, semez sur couche la plupart des plantes annuelles et bisannuelles, telles que :

Giroflées,
Quarantaines,
Œillets,
Jacinthes,
Tricolors,
Amarantes,
Balsamines,
Thlaspi,
Pieds-d'alouette, etc., etc.

Enfin préparez-vous aux grands travaux des longs jours, car voici venir le printemps.

XV

Voici déjà la surface uniforme de la terre qui commence à s'émailler de fleurs.

Voici les boutons-d'or,
Les pensées,
Les croccus,
Les narcisses à bouquets simples ou doubles,
Les jacinthes et les tulipes hâtives,
Les giroflées jaunes,
Les jonquilles,
Les renoncules,
La couronne impériale,
Et par-dessus tout la violette.

Il faut déjà donner de l'air à la serre, ainsi qu'y commencer les arrosements, mais avec on ne peut plus de prudence.

En pleine terre achever les labourages et la préparation des planches destinées à recevoir toute espèce de semences et de plantes.

De même au pied des arbres afin de n'être pas surpris par la floraison.

Toutes les sortes de pois, de carottes, de navets, de panais, de raves et de radis se sèment en place durant ce mois.

De même pour les choux, pour la poirée qu'on pourra déjà couper six semaines après, pour les asperges destinées à être replantées en avril, pour les chicorées de janvier, mais à dix pouces et très-terreautées, pour l'ail et déjà pour les pommes de terre hâtives—pour le romarin, l'hysope, la sauge, la lavande, le thym, l'absinthe et autres plantes aromatiques, qui pourront rester en place trois ou quatre ans—pour l'estragon, la ciboulette, l'oseille, qui tiendront bon pendant cinq, sept et jusqu'à dix ans.

Si l'on désire des primeurs de haricots, il faut les planter fort épais sur une couche exposée au plein midi, afin de les retransplanter à la fin d'avril.

Le poireau d'hiver se sème également en mars pour être replanté plus tard.

De même encore, et sur très-bonne couche, le potiron hâtif pour être consommé en août, et le tardif pour fin septembre.

On doit regarnir les planches de fraisiers et en former de nouvelles avec les pépinières dont on lèvera les jeunes élèves avec beaucoup de soin.

Sans les labourer encore, commencez à découvrir les artichauts.

Idem, mais vers le milieu du mois seulement, toutes les plantes, qu'on recouvrirait néanmoins aussitôt à la première approche de gelée.

Liez les laitues, qui sans cela ne pommeraient point, faites de nouvelles couches à concombres et à melons, semez au midi des salades de printemps, replantez les choux-de-Milan et les choux-pommes que vous aviez mis en pépinière en novembre.

Visitez et taillez les melons, ramez les pois-michaux de novembre, et pour avril ou mai arrêtez-les dès la première fleur; avec des plantes de deux ans formez de nouveaux carrés d'asperges.

Plantez les arbres, surtout les arbres verts, principalement dans les terrains humides; vous réussirez mieux qu'en automne.

Continuez la taille des abricotiers, pruniers, pêchers; achevez celle des espaliers et surtout de la vigne.

Marcottez, bouturez, greffez en fente, relevez et plantez les bordures de buis.

Idem, et selon les espèces toutes celles qui ont plus de 3, 4 et 5 ans.

Dans le jardin à fleurs :

Vers la fin du mois, replantez les jacinthes, les tubéreuses, les marguerites, et les violettes de mars.

Plantez des renoncules et des anémones, qui vous donneront de moins belles fleurs que celles plantées à l'automne, mais qui risqueront moins de mourir ;

Des clématites,

Des aconits,

Des pivoines,

Des pieds-d'alouette,

Des mignardises et autres fleurs vivaces.

Semez sur couche :

Les reines-marguerites,

Le basilic,

La giroflée et la quarantaine,

Les amarantes,

Les passe-velours,

Les roses d'Inde,

Les tricolors,

Les œillets de l'Inde et de la Chine,

Les balsamines,

Enfin toutes les fleurs que vous repiquerez bientôt en pépinière dans de bons ados, pour les replanter enfin au commencement de juillet dans les parterres dont ils seront l'ornement pendant tout le reste de l'été et pendant tout le courant de l'automne.

XVI

Les perce-neige, les primevères, les oreilles d'ours et les jacinthes sont dans toute leur floraison.

Viennent s'y joindre :

L'abre de Judée,
L'amandier d'Amérique,
Le cerisier à fleurs doubles,
Le prunier *idem*,
Le merisier *id.*,
Le poirier *id.*,
Le pommier *id.*,
L'amandier *id.*,
Les giroflées jaunes,
Les rouges,
Les blanches,
Les omphaloïdes,
Les boutons d'argent,
Les saxifrages,
Plusieurs espèces d'iris,
Les corbeilles d'or et d'argent,
Les anémones,
Les pensées, etc., etc.

Dans l'orangerie, afin que les plantes s'accoutument au grand air, les fenêtres s'ouvrent pendant les beaux jours.

Vers la fin du mois les arbustes et fleurs peu délicats peuvent sortir, voire même les jasmins, mais en les abritant du vent du nord.

Avant la sortie, ou du moins aussitôt après, donnez de nouvelles terres aux plantes qui les réclament, nettoyez et greffez, soit en fente soit par approche, les jasmins, les orangers et tous les arbustes en général de votre orangerie.

Au dehors découvrez les figures, mais en laissant

encore les paillassons à l'entour de manière à les pouvoir remettre à la première alerte.

En revanche, commencez à abriter du soleil vos marcottes, éclats et boutures,

Et pratiquez-en de nouvelles.

Vers les derniers soirs du mois, mais seulement si le temps le permet, les châssis doivent s'entr'ouvrir afin que les jeunes plantes puissent respirer l'air de la nuit.

Faites de nouvelles couches, réchauffez les anciennes.

Transportez les marguerites et les violettes doubles.

Idem pour les jacinthes, les lys et généralement pour toutes les plantes fibreuses, au transport desquelles ce mois est le plus favorable de tous.

Repiquez les muffles-de-lion, les thlaspis, les œillets-de-poëte et en général toutes les semailles de juillet que vous aviez mises en pépinière.

Semez le réséda pour l'automne, les capucines, les belles-de-jour, les lupins pour l'été.

De même pour toutes les sortes d'œillets, pour la belle-de-nuit, pour les reines-marguerites, etc.

Binez les plates-bandes, sarclez-les, attachez les jeunes plantes à de petits tuteurs verts, et sur les terres chaudes et sablonneuses commencez à étendre le paillis.

Mettez de jeunes fraisiers en pépinière, arrêtez au premier nœud les filaments des anciens, afin de pouvoir en faire de nouvelles planches en juillet.

Creusez de larges cuvettes au pied des arbres, remplissez-les de fumier refroidi, par-dessus ce fumier répandez une couche de terre légère, arrosez souvent le tout pour y entretenir la fraîcheur, surtout si le printemps est sec et chaud.

Écussonnez à œil poussant, tout en achevant la taille des espaliers.

Continuez celle des concombres et des melons, dont vous pouvez faire encore de nouvelles semailles pour l'automne, soit en pleine terre dans de petites fosses remplies de terreau, soit tout simplement sur couche. Dans l'un ou l'autre cas, servez-vous de la cloche pour hâter la levée.

Labourez, plantez, arrosez, découvrez, œilletonnez les artichauts.

Plantez :

Les concombres et potirons de mars,

Le céleri de janvier,

Les choux-fleurs tendres et durs,

Les brocolis de janvier pour juin,

Les haricots de mars, *idem*.

Pincez les pois.

Semez soit en pleine terre, soit sur couche, soit pour replanter six semaines après, soit pour laisser en place :

Les choux de toute espèce,

Le persil,

La serrette,

Le pourpier,

La chicorée sauvage,

La betterave,

Le céleri,

Les raves mêlées d'autres semences,

L'oseille, tandis que d'une autre part vous replanterez soit par touffes celle de l'année précédente, soit par éclats et en bordure l'oseille vierge ;

Les panais,

Les capucines,

Les carottes,

Les cardons,

Les cornichons,

Les pois goulus,

Les dernières fèves et les féveroles,

Le blé de Turquie.

L'estragon se sème également dans ce mois, tandis que d'autre part on en éclate les vieilles touffes pour en faire de jeunes plantes.

Les melons d'hiver se plantent, ainsi que les plus belles laitues pommées, mais pour graine, et à dix pouces au moins de distance les unes des autres.

Sarclez enfin partout les jeunes plants et commencez à arroser le matin.

XVII

C'est déjà le mois des lilas et des roses.

Sans compter en outre des fleurs déjà nommées dans le mois précédent, et qui presque toutes continuent de refleurir dans tout le cours de celui-ci :

Le jasmin,
Le seringa,
Le chèvre-feuille,
Le cytise,
La ronce à fleurs doubles,
Presque tous les arbres à épines,
Une grande partie des lys et des tulipes,
Les dernières jacinthes et jonquilles,
L'asphodèle,
La belle-de-jour,
Le réséda,
La julienne,
La mignardise et autres pieds-d'œillets.
Le casque ou aconit,
La doronique,
Les ancholies,
La valériane.
Le muguet,
La fraxinelle,
La fumeterre,
L'éphémère,
Les adonides,
Les boules-de-neige,
Les groseillers à fleurs,
La véronique,
Le buisson-ardent,
Le lin, etc., etc.

C'est également le mois de la sortie, de la taille à la serpette et du rencaissement, si besoin est, de toutes les plantes d'orangerie ;

Le mois de l'ébourgeonnement du faux bois de la vigne et de la plantation de ses échalas;

Le mois des boutures de géranium, de bruyère, de verveine, d'héliotrope, de giroflée et autres qui se plantent sur couche et à l'ombre;

Les mois du sarclage perpétuel, de l'arrosement matinal, de la formation de toutes les corbeilles de fleurs.

Le mois où l'on sème encore :

La laitue pour repiquage d'arrière-saison,
Le céleri pour la troisième fois,
Le pourpier en pleine terre,
La chicorée pour juillet,
Les navets de primeur,
Les betteraves en terre froide,
Les salsifis pour l'année suivante,
Les choux-fleurs sur couche,
Les derniers haricots,
Les derniers pois,
Les dernières pommes de terre, etc.

Et en fait de fleurs sur couche :

Des soucis,
Des scabieuses,
Des amarantes,
Des pensées,
Des thlaspis et une foule d'autres fleurs, pour en avoir de tardives en pots.

C'est le mois où l'on attache soigneusement toutes les tiges cassantes—où l'on recueille la graine des anémones, où l'on coupe les montants des fraisiers dont on veut conserver en double la récolte l'année suivante—où l'on enlève le surplus des fruits des abricotiers pour confire —où l'on rame les pois assez forts déjà—où l'on éclaircit les racines poussées trop dru—où l'on greffe en flèche les noyers, châtaigniers et figuiers—où l'on ouvre la terre aux haricots naissants—qui n'en peuvent percer la croûte—où l'on repique au nord les choux et céleris d'hiver—où l'on replante la poirée et les potirons—où l'on coupe le vieux persil—où l'on pince les fèves et les féveroles—enfin et surtout c'est le mois où l'on possède des pluies, soit pour accoutumer au grand air, en les découvrant, les plants sous châssis et sous cloches, soit pour transplanter en pleine terre toutes les jeunes touffes de fleurs.

A la fin du mois, commencent à sortir les cardons d'Espagne et les haricots en couleur plantés au commencement.

L'œilletonnage, la plantation et l'éclaircissement s'achèvent pour les artichauts, dont les pommes commencent à sortir et qui réclament force arrosements.

Pour l'amateur de melons surtout, mai devient un mois de grand travail. Il faut qu'il fasse ses dernières couches et ses dernières plantations pour l'hiver; — qu'il replante dans de petites fosses remplies de terreau tous ses cornichons, concombres, melons et citrouilles; — qu'il les recouvre et les découvre constamment à mesure que marche le soleil, afin qu'ils puissent en être chauffés, mais non pas grillés;— qu'il taille sans cesse, qu'il fume de même, qu'il exécute des suppressions de fruits trop abondants qu'il fera confire. Enfin, et ceci lui sera commun avec tous les véritables amateurs de jardinage, enfin il faut qu'il se lève et se couche avec le soleil.

XVIII

Nouvelles floraisons :
Les lauriers,
Les orangers,
Les grenadiers,
Les clématites,
Les sainfoins,
Les héliotropes,
La coronille,
La giroflée de Mahon,
Le phlox de printemps,
Les soucis,
La fleur de la Passion,
La valériane anglaise,
Les campanules blanches et bleues,
Les martagons,
La croix-de-Jérusalem,
Le solanum,
Les mauves des jardins,
Les pavots,
Les pivoines,
Les coquelourdes,
Les gueules-de-lion,
Les giroflées,
Les géraniums,
Les mille-feuilles,
Les pieds-d'alouette annuels et vivaces,
Les violettes marines,
Les coquelicots,
Les quarantaines,
Les pois vivaces et les pois odoriférants,

Les lys blancs, ensanglantés, panachés,
Les asphodèles,
La petite immortelle jaune,
La jacobée,
La jacée,
Le crépis-rose,
L'ornithogale,
Les œillets qui commencent,
Les roses qui sont dans toute leur beauté, etc., etc.

Déjà l'on recueille les graines d'oreille-d'ours, de narcisse, de jacinthe, de renoncule,

Et dans le jardin potager, celle de cerfeuil.

On déplante les anémones, les tulipes, les jacinthes et les martagons printaniers, et généralement toutes les plantes bulbeuses qui ont fleuri les premières et qui commencent à se dessécher sur leurs tiges.

Dans les derniers jours du mois on commence la cueille des fleurs d'oranger, que l'on descend à la cave jusqu'à ce qu'on s'en serve pour un usage quelconque, et qu'on étend avec beaucoup de précaution sur une nappe humide.

On sème sur place :
Les radis de toute sorte,
Les grosses raves,
Le pourpier doré,
Et les raiponces, mais en ayant soin de les recouvrir de terreau très-léger et très-souvent humecté par les arrosements.

Sur couche et pour repiquer :
La poirée,
Les cardons
Et tous les choux d'hiver.

On repique :
Des choux forcés pour graine,
Des choux pommés pour la consommation,
Des escaroles,
Des laitues,
Des chicorées, mais par les temps frais et en recou-

vrant les jeunes plantes de grandes litières ou mieux encore de pots renversés sur chacun d'eux.

On plante les pois suisses et les haricots d'automne.

On rame tous les farineux grimpants.

On œilletonne de nouveau les artichauts qui ont rapporté déjà.

On plante la ciboule et les poireaux d'hiver, ces derniers à un demi-pied de distance et dans des trous d'au moins six pouces de profondeur.

De même pour les cardes-poirées et pour les derniers céleris.

On réserve les plus beaux choux-fleurs et les plus grosses fèves pour graines.

De même, sur les fraisiers, un seul et fort filament pour replanter en août.

On éclaircit l'oignon, en replantant les plus petits dans les places où il en manque, en gardant le reste à l'ombre et en terre, pour replanter en novembre ou même en février.

On tond les palissades et les bois.

On commence à ébourgeonner et à palisser les espaliers et la vigne, ce qui se fait en ne laissant qu'une seule pousse à chaque œil, en enlevant les petites ailes qui se trouvent sous l'aisselle des feuilles, en ne conservant jamais plus de trois nœuds sur une seule jeune branche, en étalant avec art tous les jets, en les fixant à la muraille à l'aide d'une patte de drap retenue par un gros clou à tête plate, en employant, en un mot, tout le raisonnement et tout le génie du jardinage.

On greffe encore en écusson les arbres à fruits à noyaux.

On fait les dernières couches à champignons, on peut même risquer quelques artichauts pour le printemps suivant, mais à la condition de fréquents arrosements.

Les arrosements, du reste, sont un des grands travaux, un des travaux quotidiens de ce mois, mais ils doivent se faire le soir de préférence au matin.

Une dernière occupation, occupation constante et de la plus haute importance, c'est la recherche et la destruction des chenilles, pucerons, fourmis, perce-oreilles et autres insectes dévorants qui commencent à pulluler en juin au grand détriment des jardins.

XIX

Aux nombreuses fleurs de juin viennent s'ajouter encore, en juillet,

Les soleils,
La saponaire,
L'hortensia,
Le genêt d'Espagne,
Les tubéreuses,
L'aster,
Les volubilis,
La matricaire,
Les scabieuses,
Le laurier-rose,
Les capucines,
Le thlaspi,
Les figues d'Inde,
Les verveines,
Les grenades,
Les haricots d'Espagne,
L'hémérocalle,
Les ficoïdes,
Les derniers géraniums, etc., etc.

Tout doit s'arroser, et cette fois matin et soir.

La cueille de la fleur d'oranger continue.

De même, l'ébourgeonnement et le palissage.

De même encore pour les greffes, mais à œil dormant, sur les pêchers, abricotiers et pruniers, et en approche pour les rosiers, jasmins et autres arbustes.

Toutes les plates-bandes, toutes les bordures demandent à être tenues dans un état de propreté parfaite et de constante humidité.

Les fortes branches de l'œillet se marcottent et les filets de fraisiers commencent à se replanter après les pluies.

On sème encore en juillet et en place :

Des radis gris et noirs,

Des radis longs,

Des grosses raves,

Des chicorées pour l'automne et l'hiver,

De la laitue royale pour la même saison,

De la ciboule, *idem*,

Idem de la poirée,

Des navets encore,

Des épinards, mais en petite quantité,

Toujours des choux,

Des fraisiers pour repiquer en avril suivant,

De la pimprenelle pour replanter en mars,

Les derniers pois carrés, etc., etc.

En fait de fleurs, et de même pour le repiquage du printemps suivant :

Des pieds-d'alouette,

Des thlaspis,

Des niellès,

Des sainfoins,

Et généralement toutes les fleurs et plantes annuelles.

D'un autre côté, l'on repique force choux de toute espèce pour l'hiver, et même encore pour l'automne.

De même l'oignon hâtif pour passer l'hiver et se récolter au printemps d après.

On tourne au nord la tête des melons, et s'ils viennent à crever, on détourne la surabondance de la sève en altérant leur tige à coups d'ongle.

On replante les lys, les couronnes impériales, et tous les autres oignons à fleurs, après en avoir mis à part les cayeux dans de la terre de bruyère et à d'excellents ados.

C'est en juillet enfin que se fauchent et se fanent les gazons des jardins.

XX

La nature est tellement riche que nous avons pour ce mois encore quelques nouvelles fleurs à ajouter à celles précédemment énumérées.

Ce sont :

Les reines-marguerites,
Les roses-trémières,
Les amarantes,
Les queues-de-renard,
Les balsamines.
Le phlox-d'automne,
La queue-de-lion,
Le tricolor,
Les belles-de-nuit,
Les roses-d'Inde,
L'uvaria,
L'althéa,
L'amaranthoïde,
L'iris-tigré,
L'œillet-d'Inde.
L'œillet-de-la-Chine,
La jacobée,
Le cyclamen,
Le genêt-d'Espagne à fleurs doubles,
Le bouton-d'argent,
Les aloïdes,
Encore divers arbrisseaux,
Déjà plusieurs asters.

Durant tout ce mois il est essentiel d'enlever les feuilles qui commencent à tomber, en ratissant continuellement les allées, en nettoyant avec la main les plates-bandes.

Il faut, soir et matin, que redoublent encore les arrosements.

Il faut dresser encore des plants de fraisiers et dans un terrain sablonneux pour les échauffer en hiver ;

Continuer le marcottage des œillets et semer les graines des jacinthes, narcisses, adonides, etc., etc.;

Continuer également la plantation des renoncules, des anémones et de toutes les fleurs à griffes pour en avoir encore en automne et en hiver ;

Lier les chicorées et autres salades ;

Renouveler la terre de tous les pots pour vivifier les plantes ;

Commencer à découvrir les fruits, soit en cassant les feuilles, soit en les coupant par moitié, mais graduellement et de façon à ne pas trop précipiter la coloration et la maturité.

Recueillir les pois qu'on a laissé sécher sur place ;

Planter encore des chicorées, voire même des escaroles et des laitues pour l'automne et pour l'hiver, mais à dix pouces au moins les unes des autres, attendu que la terre n'a plus la même puissance végétative ;

Nettoyer les feuilles sèches des artichauts et couper les montantes dont on a cueilli les pommes ;

Ecussonner les amandiers ;

Récolter toutes les graines de fleurs et de légumes au fur et à mesure de leur parfaite maturité ;

Lever les oignons dont les montantes commencent à sécher au soleil ;

Faire grossir les racines des carottes, panais et betteraves en coupant une partie de leur feuillage ;

Semer, mais en arrosant souvent sitôt la levée :

Des épinards pour octobre,

Idem des raves en pleine terre,

Idem de l'oseille
Du cerfeuil
De la ciboule
Des mâches } pour l'hiver,

Des laitues à coquilles pour repiquer en octobre,
Encore des carottes, *idem*,
Des betteraves, *idem*,
Des pois-michaux qui se succéderont jusqu'à la Saint-Martin,
Des oignons d'Espagne pour lever en février,
De la chicorée d'hiver,
De la laitue-crêpe pour décembre,
Des choux-fleurs qu'on repiquera dans des baquets mis en serre pour primeur,
Des choux de toute espèce, pour replanter après l'hiver et se couper fin printemps,
Des salsifis, etc., etc.
Et quant aux fleurs,
Des pieds-d'alouette,
Des immortelles,
Des coquelicots,
Des thlaspis,
Des pavots,
Des adonides,
Des narcisses,
Des anémones,
Et généralement toutes les fleurs et tous les légumes qui peuvent passer l'hiver, et qui vous donneront des résultats au premier printemps.

XXI

Encore de nouvelles fleurs, mais qui seront les dernières, savoir :

Les chrysanthèmes,
Le safran,
Les dahlias,
La belle-dame,
Les jasmins étrangers,
Les asters, etc., etc.

Durant ce mois les arrosements continuent encore, mais seulement le matin.

Il faut se précautionner quant à la serre d'orangerie, en disposer les gradins, en opérer le nettoyage complet, la rendre en un mot la plus favorable à toutes les plantes qu'on y rentrera bientôt.

On attache une dernière fois la vigne, on fait un dernier palissage aux espaliers.

A partir du 15, on commence à écussonner à œil dormant.

On sarcle, on fume, on arrose sans cesse les carrés du potager qui doivent se trouver entièrement couverts de plantes semées ou repiquées.

On cueille les poires d'automne dans les années sèches, dans les années humides on attend encore quinze jours.

De même pour les autres fruits.

Afin d'avoir des fraises jusqu'en décembre et même jusqu'en janvier, on plante les fraisiers du mois sur les vieilles couches, et vers la fin septembre on les recouvre de châssis.

On fait des couches de champignons.

On fait essorer les oignons mûrs en les ôtant de terre.

Jusqu'au 15 on plante beaucoup de chicorée pour l'hiver, voire même quelques laitues à pommes.

On lie les feuilles de quelques choux-fleurs dont commencent à se former les têtes.

De même pour les cardons et pour les artichauts, auxquels il faut durant tout ce mois prodiguer les arrosements.

Afin d'avoir des pois-michaux jusqu'en novembre, on choisit de très-bonnes expositions pour les y planter en mannequins.

On coupe le persil, et on le recouvre de litières, afin de faire repousser des feuilles d'arbres pour l'hiver.

De même pour la chicorée d'hiver, qui se sème et se replante dans ce mois en s'enlevant en grosses mottes.

On sème encore :

Des raves mêlées à d'autres semences,

Des panais,

Des carottes blanches pour mai,

Des épinards pour l'entrée de l'hiver,

Des mâches,

De l'oignon pour succéder à celui d'août,

Du cerfeuil pour grainer au printemps,

Dans la catégorie de l'agrément :

Encore des pieds-d'alouette,

Des anémones,

Des scabieuses,

Des pavots et des coquelicots,

Des oreilles-d'ours.

Des œillets,

Des renoncules,

Des immortelles,

Des iris, et toutes les plantes en général qui ne redoutent pas la gelée, et qui semées de cette façon vous donneront des primeurs florales.

On repiquera également les plantes levées déjà, mais on aura grand soin d'attendre les premières pluies de l'automne.

XXII.

Plus de nouvelles fleurs, presque plus d'arrosements.

On empote les boutures, les marcottes, les giroflées, les héliotropes, et généralement tout ce qu'on peut empoter pour le rentrer dans l'orangerie.

Vers le milieu du mois les plantes les plus délicates y entrent déjà (orangers, myrtes, etc., etc.) ; elles devront toutes s'y trouver réunies vers les derniers jours d'octobre.

On pourra néanmoins les laisser jouir encore de l'air toute la journée, en ne refermant les fenêtres que vers le soir.

Déjà l'on empaillera les cardons-d'Espagne.

Les fruits d'hiver se cueilleront vers le milieu du mois, vers la fin cependant s'il était trop humide.

On enlèvera le céleri en mottes, après l'avoir lié à deux liens au moins, et on le replantera plus serré afin qu'il blanchisse plus facilement sous le couvert des grands fumiers.

Les fleurs vivaces pourront se séparer et se replanter en toute assurance.

De même pour les oignons de tulipes, de narcisses, de jacinthes, etc., etc.

On pourra planter des fraisiers encore, ainsi que des choux blonds et les laitues hâtives à de bons abris.

On défera les vieilles couches et l'on dressera dans la cave les meules à champignons.

Les fraisiers du mois se couvriront de litières, afin que la gelée ne vous prive pas de vos dernières fraises.

La chicorée sauvage s'enterrera dans le sable pour blanchir.

De même pour les navets.

Jusqu'au 10 on peut semer encore :

Le dernier cerfeuil,

Les dernières raves pour novembre et décembre,

Des épinards pour mai,

Des mâches pour mars,

De la romaine hâtive pour avril,

Des pois-verts sur des pentes en plein midi pour en avoir fin avril ;

Enfin, mais sous cloches, de la laitue pommée et des choux-fleurs.

Quant aux plantes d'agrément, des immortelles en juillet, et c'est tout :

A moins cependant, et c'est la meilleure saison, à moins que vous ne mettiez des oignons de tulipes et de jacinthes sur des carafes de fantaisie, pour fleurir durant l'hiver au moins le salon.

XXIII

Tous les soins à la serre.

Couchez ou empaillez les figuiers.

Nouvelle couche de champignons pour le printemps.

Réchauffez et nettoyez les fraisiers.

Levez les pommes-de-terre et les topinambours.

Dès les premiers jours du mois, conduisez les grands fumiers tout auprès des céleris, poireaux, chicorées, artichauts, etc., etc., afin de pouvoir les en couvrir immédiatement au premier besoin.

Quant aux artichauts spécialement, labourez-les, buttez-les, émondez-les, préparez leurs couvertures et couvrez-les déjà de feuilles.

De même pour les cardons-d'Espagne.

Coupez et terreautez la plupart des fleurs annuelles, mais n'oubliez pas avec un petit bâton d'en marquer la place.

Plantez de l'estragon, de l'oseille, et tout en en réchauffant les anciens plants, faites de nouvelles couches d'asperges.

Choisissez un temps séc pour rentrer les racines et légumes d'hiver.

C'est dans ce mois que se font les premières couches, et que se repiquent déjà les laitues semées en août, sepbre et octobre.

C'est également dans ce mois que doit se labourer le potager, et surtout se changer les dispositions et attributions, car les mêmes planches ne doivent jamais recevoir deux années de suite la même nature de plantations.

Replantez dans la serre, afin qu'ils y profitent, les

choux-fleurs, cardons, salsifis, chicorées, etc., etc.

C'est le meilleur mois pour planter non-seulement la vigne, mais encore tous les arbres à fruits et arbustes d'agrément.

Les journées en sont courtes, et comme on le voit, elles pourront être bien remplies par le parfait jardinier.

XXIV

Mêmes soins à-peu-près qu'en novembre.

Dernière charge de fumier sur les artichauts.

Dernières couches à champignons pour juin et septembre.

Plantez le céleri en pleine terre, mais seulement si la terre est sablonneuse, sinon laissez-le dans la serre où vous le couvrirez de sable.

Taillez et émoussez les poiriers et les pommiers, mais avant qu'il ne gèle encore et que leurs branches ne soient couvertes de grésil.

Que vos carottes soient enlevées, nettoyées, lavées, essorées et serrées dans la cave.

Coupez l'oseille à fleur de terre, et terreautez-la bien.

Plantez ou semez déjà, mais dans de bons ados au midi :

Les pois-michaux,

Les pois-suisses,

Les pois-communs,

Les fèves-de-marais,

Les concombres hâtifs,

Et voire même les premières laitues pour grandes primeurs.

Si vous aviez du temps de reste enfin, et que d'un autre côté votre cave fût trop exiguë pour tous vos légumes d'hiver, faites un grand trou en terre, garnissez-le de paille assez épaisse, déposez-y vos conserves, puis recouvrez-les de paille encore et d'une bonne couche de terre par-dessus le tout. C'est un excellent moyen de conservation.

Mais qu'il ne vous fasse oublier néanmoins ni la serre ni l'orangerie, principale occupation de décembre.

XXV

DESTRUCTION DES INSECTES.

En commençant ce petit livre nous avons dit que la destruction des insectes parasites et dévorants était l'une des branches essentielles de l'art du jardinier.

Ne terminons donc pas sans donner quelques recettes infaillibles à cet endroit :

1° En général une infusion de tabac ou de feuilles de noyer dont vous arrosez les branches et les feuilles des arbres ;

2° Un demi kilo de savon noir, fondu et délayé dans de l'eau bouillante, ensuite mêlé dans une feuillette d'eau froide, dont on arrosera l'arbre avec un linge, un balai, ou mieux encore une petite pompe ;

3° Pour les musaraignes, mulots et souris qui rongent les semailles, outre les souricières et piéges connus, de l'absinthe et de la suie bouillies ensemble dans de l'eau, et versées dans tous les trous dont on aperçoit l'orifice, où on aura fait rouler préalablement quelques petites pierres de chaux vive.

4° Pour la taupe, l'affût matinal avec la bêche ou le maillet—l'eau bouillante versée à l'endroit où la bête travaille et qui la fait sortir vivement de terre, où on l'attrape aussitôt—enfin des noix coupées en deux, bouillies dans de l'eau de lessive, et qui placées dans les galeries souterraines empoisonnent à l'instant ces mineurs à quatre pattes.

5° Pour les fourmis—des pots à fleurs enduits fortement de sirop deviennent des piéges destructeurs à côté des fourmilières—La peinture à l'huile ou la glu mise à l'entour d'un arbre les empêche d'y monter—Une décoction de feuilles de noyer qu'on verse dans la fourmilière la détruit souvent en entier—Un os à demi rongé, un morceau de sucre les rassemblent par milliers qu'on tue avec une avalanche d'eau chaude.—L'odeur enfin du poisson les fait émigrer sans retour.

6° Pour les courtilières des jardins—suivez avec le doigt leur trace souterraine jusqu'à ce que vous trouviez un trou qui descende perpendiculairement en terre; élargissez-le en le pressant avec la main; versez-y un peu d'huile suivie d'eau chaude, ou mieux encore une décoction de savon noir, mais toujours à l'heure où ces animaux font la méridienne, c'est-à-dire vers midi.

7° Pour les vers des vases et pots à fleurs.—un seul arrosement d'une infusion de noyer ou d'absinthe est souverain et sans le moindre péril pour les plantes.

8° Pour les chenilles—saupoudrez les plantes après l'arrosement d'une poussière de houille calcinée—ou bien entourez tout votre potager d'une bordure de chanvre, suprême effroi des chenilles—ou bien faites bouillir et remuez jusqu'à la fétidité la plus intense la décoction suivante : eau, 60 pintes—champignons, 1 kilo—fleur de soufre, 2 kilos— savon noir, 2 kilos—noix vomique, ½ kilo—puis versez-en sur les plantes, frottez-en et aspergez-en les arbres.

9° Pour les pucerons, limaçons et chenillons—arrosez ou aspergez les arbres ou les plantes avec un goupillon de paille imbibée dans un seau d'urine de basse-cour où l'on aura infusé durant vingt-quatre heures : de la racine de chardon, de la fleur de sureau, des baies de laurier concassé, un peu de camphre, de l'ammoniac et de l'ail.

10° Surtout, dès l'automne, recherchez bien les nids, les bagues d'œufs et toutes les pépinières à vermines—l'hiver, émoussez et brossez bien toutes les branches—le printemps, regardez, écrasez et détruisez sans cesse.

Enfin, défiez-vous de votre ambition comme des plus terribles des insectes, c'est-à-dire éclaircissez vos plants trop drus, plantez légumes et fleurs à des distances raisonnables, émondez et pincez sans regret.

Quant aux fruits, s'ils viennent en trop grand nombre, songez que cette profusion même empêche qu'ils ne soient ni gros ni bons, et sans regret toujours, mais cependant avec un sage discernement, enlevez les plus petits pour les faire confire, et ce vers le commencement de juin et jusqu'à la fin de juillet.

C'est là l'une des meilleures recettes pour récolter de beaux légumes et de beaux fruits.

Quant aux plantes d'agrément, vous trouverez leur culture toute spéciale dans l'un des autres volumes de cette Bibliothèque, volume qui s'appellera *le Livre des Fleurs.*

FIN.

TABLE.

FIN DE LA TABLE.

Bibliothèque de la Maîtresse de Maison.

LE LIVRE DE LA DANSE.
LE LIVRE DU SAVOIR-VIVRE
LE LIVRE DE LA CUISINE SIMPLIFIÉE.
LE LIVRE DE LA LINGERE.
LE LIVRE DE LA PATISSERIE SIMPLIFIÉE.
LE LIVRE DE LA PARFAITE COUTURIERE.
LE LIVRE DE LA BLANCHISSERIE EN FIN.
LE LIVRE DU TRICOT.
LE LIVRE DE LA PARFAITE MODISTE.
LE LIVRE DES FLEURS EN PAPIER.
LE LIVRE DE LA PARFAITE GLACIÈRE.
LE LIVRE DU CROCHET.
LE LIVRE DE LA DENTELLIÈRE.
LE LIVRE DE LA PIANISTE.
LE LIVRE DE L'ART DU CHANT.
LE LIVRE DE LA TOILETTE.
LE LIVRE DU JARDINAGE.
LE LIVRE DE LA VOLIERE.
LE LIVRE DE LA GYMNASTIQUE ET DE L'HYGIÈNE.
LE LIVRE DE LA MÉDECINE DOMESTIQUE.
LE LIVRE DU FILET.
LE LIVRE DE LA PARFUMERIE DE FAMILLE.
LE LIVRE DES ENFANTS.
LE LIVRE DE LA BRODERIE.
LE LIVRE DES DEVOTIONS DE L'ANNÉE.
LE LIVRE DES JEUX DE SALON.
LE LIVRE DE LA COMPTABILITE DES MENAGES.
LE LIVRE DES CONSERVES ET CONFITURES.
LE LIVRE DE L'AMAZONE ET DE LA SCIENCE ÉQUESTRE
LE LIVRE DES SAINTES.
LE LIVRE DES DEVOIRS.
LE LIVRE DES RECETTES UTILES.
LE LIVRE DES BAINS ET DE LA NATATION.
LE LIVRE DES JEUX D'ESPRIT.
LE LIVRE DES OUVRAGES EN PERLES.
LE LIVRE DU DEGRAISSAGE RENDU FACILE.
LE LIVRE DES CHEFS-D'OEUVRE POETIQUES DES DAMES.
LE LIVRE DE RÈGLES DE JEUX DE CARTES.
LE LIVRE DES DAMES, ECHECS, TRIC-TRAC, ETC.
LE LIVRE DES PENSÉES ET MAXIMES.
LE LIVRE DES PLAISIRS ET RECREATIONS.
LE LIVRE DE LA VOYAGEUSE.
LE LIVRE DU CELLIER ET DE LA CONSERVATION DES VINS.
LE LIVRE DE LA COIFFURE.
LE LIVRE DES DOMESTIQUES.
LE LIVRE DES CLASSIQUES DE LA TABLE.
LE LIVRE DU VERGER ET DES FRUITS.
LE LIVRE DE LA BASSE-COUR.
LE LIVRE DE LA CULTURE DES FLEURS.
LE LIVRE DES FÊTES DE LA FAMILLE.

CHAQUE OUVRAGE SE VEND SÉPARÉMENT.

Paris. — Imprimerie Bonaventure et Ducessois, 55, quai des Augustins.

www.ingramcontent.com/pod-product-compliance
Ingram Content Group UK Ltd.
Pitfield, Milton Keynes, MK11 3LW, UK
UKHW021637260726
13994UKWH00003B/1206

9 782329 451039